Original title: Jaunes désert

Author: Eric Batut

ⓒ Editions de L'élan vert, 2019

Published by arrangement with Dakai – L'agence

版权贸易合同登记号　图字：01-2023-1150

图书在版编目（CIP）数据

地球调色盘系列绘本. 黄色沙漠／（法）艾瑞克·巴图著、绘；邢培健译. －－北京：电子工业出版社，2023.6
ISBN 978-7-121-45441-7

Ⅰ. ①地… Ⅱ. ①艾… ②邢… Ⅲ. ①地球－少儿读物 ②沙漠－少儿读物 Ⅳ. ①P183-49 ②P941.73-49

中国国家版本馆CIP数据核字（2023）第071251号

责任编辑：董子晔
印　　刷：北京盛通印刷股份有限公司
装　　订：北京盛通印刷股份有限公司
出版发行：电子工业出版社
　　　　　北京市海淀区万寿路173信箱　邮编：100036
开　　本：889×1194　1/16　　印张：10　　字数：34.5千字
版　　次：2023年6月第1版
印　　次：2023年6月第1次印刷
定　　价：120.00元（全5册）

凡所购买电子工业出版社图书有缺损问题，请向购买书店调换。若书店售缺，请与本社发行部联系，联系及邮购电话：（010）88254888，88258888。
质量投诉请发邮件至zlts@phei.com.cn，盗版侵权举报请发邮件至dbqq@phei.com.cn。
本书咨询联系方式：（010）88254161转1865，dongzy@phei.com.cn。

地球调色盘
系列绘本

黄色沙漠

[法] 艾瑞克·巴图 著/绘　邢培健 译

电子工业出版社
Publishing House of Electronics Industry
北京·BEIJING

大大的太阳炙烤着飞机跑道，
湛蓝的天空晃着眼睛，
灼热的空气将人包裹其中。

沙漠

正等待着我们……

在城市边缘，
我们租了一辆**吉普车**。
在城墙的另一边，

城市的**喧嚣**和**气味**
都将消失不见。

我们开始了
一路 **向南** 的旅程。

小路在被烈日烤成红色的 **群山** 间蜿蜒。

"握紧方向盘，前面是个大陆坡！"

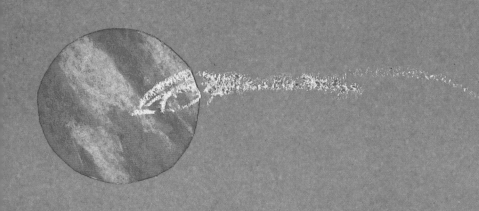

我们继续**向南**行驶，
几个小时里一直向南、向南。

除了一个骑驴的**人**，
我们没再遇到其他旅行者。
他在自己的路上埋头向前，
对任何路牌都视而不见。

在一座防卫森严的小城外，
我们把吉普车
换成了四头骆驼，
让它们驮上所有行李。

现在，我们来到了沙漠入口处。

我们继续前进。沙子在太阳下闪着金色的光芒。

一个**牧羊人**带着他的**狗**看护着**羊群**。
在更远的地方，我们还能遇见其他人吗？

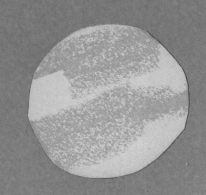

寂静 弥漫着整个沙漠，令人不安，又令人着迷。

唯一发出声音的是不时吹过的 **风**……

沙地上，我们的坐骑留下的足迹
逐渐在身后消失不见。

我们遇见了
"沙漠中的蓝人"——

图瓦雷克人。

他们热情地款待我们。
凉爽的夜里，
我们围坐在篝火旁，

听他们讲述**沙丘**中的

秘密：

据说一座古老的寺庙
就被掩埋在离这里不远的地方。

我们重新踏上旅途。
低洼的地方，出现了一片**绿洲**。
几只从欧洲飞来的鹳选在这里过冬。

埃菲尔铁塔忽然出现在我们眼前，
像一株刚长出的蘑菇。

是**海市蜃楼**！是虚假的幻象！
沙漠总喜欢和旅行者耍花招。

这时刮起一阵狂风——是**沙尘暴**！
我们在骆驼身旁寻求庇护。

沙尘暴刮呀，刮呀，似乎**永远不会结束**。

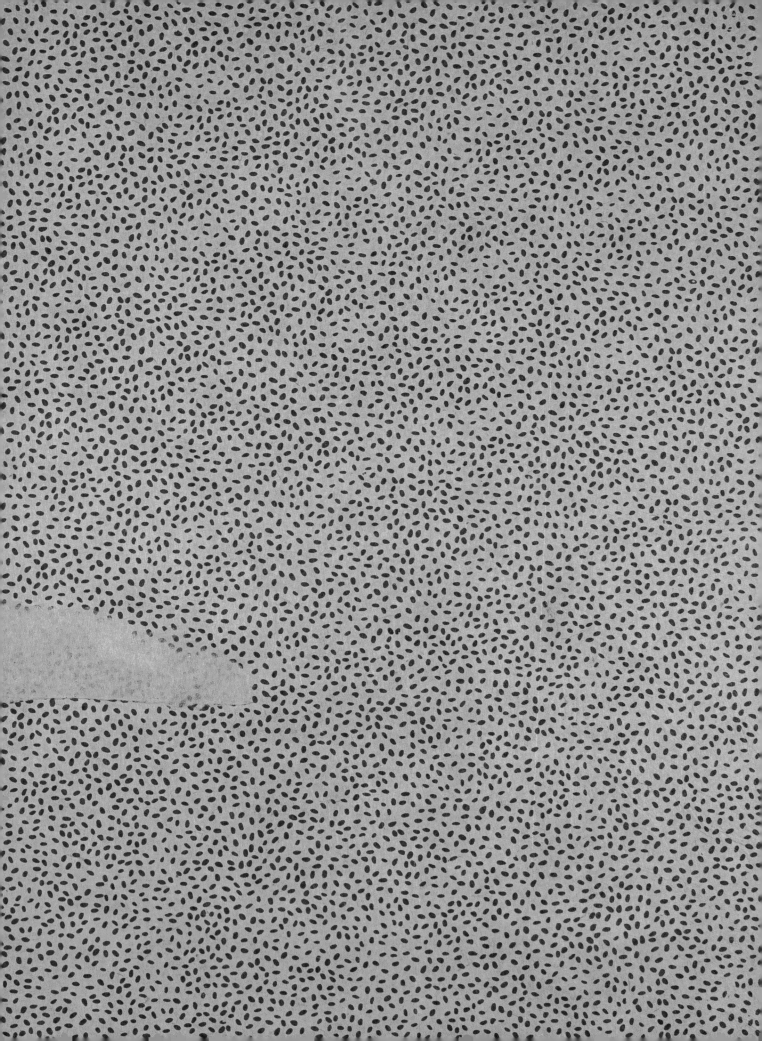

一切终又恢复**平静**。
我们眼前耸立着一座
宏伟的建筑——

是古老的**寺庙**！
就像图瓦雷克人说的一样。

有谁知道，
这**撒哈拉**大沙漠里还藏着多少**宝藏**？

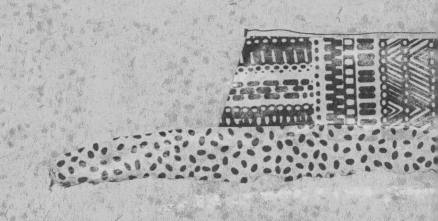